原來快樂是這樣

不能夠一直開心嗎？

段張取藝 著・繪

【神奇的情緒工廠 3】

原來快樂是這樣：不能夠一直開心嗎？

作　　者　段張取藝
繪　　者　段張取藝
特約編輯　劉握瑜
美術設計　呂德芬
內頁構成　簡至成
行銷企劃　劉旂佑
行銷統籌　駱漢琦
業務發行　邱紹溢
營運顧問　郭其彬
童書顧問　張文婷
第四編輯室副總編輯　張貝雯
出　　版　小漫遊文化／漫遊者文化事業股份有限公司
地　　址　台北市103大同區重慶北路二段88號2樓之6
電　　話　(02) 2715-2022
傳　　真　(02) 2715-2021
服務信箱　runningkids@azothbooks.com
網路書店　www.azothbooks.com
臉　　書　www.facebook.com/azothbooks.read
服務平台　大雁文化事業股份有限公司
地　　址　新北市231新店區北新路三段207-3號5樓
書店經銷　聯寶國際文化事業有限公司
電　　話　(02)2695-4083
傳　　真　(02)2695-4087
初版一刷　2023年11月
定　　價　台幣350元

ISBN　978-626-97945-1-5（精裝）

國家圖書館出版品預行編目 (CIP) 資料

原來快樂是這樣 : 不能夠一直開心嗎?/ 段張取藝著. 繪. -- 初版. -- 臺北市 : 小漫遊文化, 漫遊者文化事業股份有限公司, 2023.11
面；　公分. -- (神奇的情緒工廠 ; 3)
ISBN 978-626-97945-1-5(精裝)
1.CST: 育兒 2.CST: 情緒教育 3.CST: 繪本
428.8　　112017479

放假啦！

耶！
耶！
耶！

居然不用寫功課！

哈哈哈哈！

開心的事真的太多了，數都數不完！

吃到超級美味的炸雞。

喝到甜甜的果汁。

收到非常想要的玩具。

穿上漂亮的新衣服！

去公園放風箏！

一回到家就看到狗狗興奮的出來迎接自己！

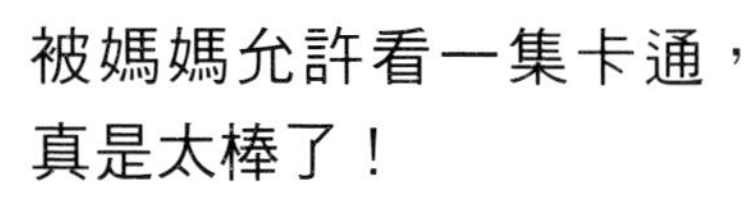

被媽媽允許看一集卡通，真是太棒了！

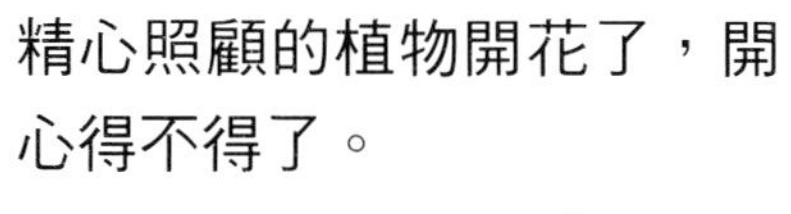

精心照顧的植物開花了，開心得不得了。

獨立完成很難的拼圖，感覺自己超級棒！

學會一首新的歌，高興得到處唱給別人聽！

畫畫作品被老師掛在牆上展示，會高興很久！

代表全班拿到了好成績，又驕傲又開心！

班級拔河比賽得了第一名，大家一起歡呼！

幫鄰居阿姨開門，被誇是好孩子，心裡很雀躍！

最開心的還是爸爸媽媽每天晚上都會為自己講有趣的故事！

一起分享今天的快樂！

快樂的我們就像個彈力球，能量滿滿，蹦蹦跳跳得停不下來！

能量滿滿的身體

快樂的時候，感覺渾身都充滿了能量，滿滿的活力，身體的每一個部位都在充分展示我們的好心情！

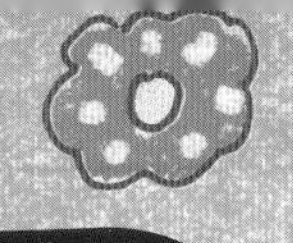

動來動去的身體

感到快樂時，身體會跟著動起來，而且人們常常意識不到自己正在做這些動作。

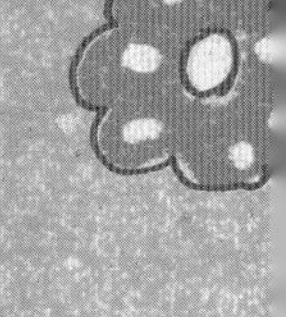

笑得前仰後合

能量在身體裡竄來竄去，實在忍不住！

大腦的獎勵

我們得到獎勵時總是感到很快樂，其實，快樂本身就是大腦給我們的「獎勵」。我們的大腦中有一個「獎勵中樞」，就是它給我們帶來的快樂！

獎勵中樞

當身體獲得良好的體驗，或預知即將獲得良好體驗時，都會產生並釋放多巴胺，讓身體感受到快樂。

多巴胺：一種神經傳導物質，可以在大腦中傳遞快樂的訊號。

❶快樂刺激：吃到好吃的比薩。

中腦腹側被蓋區：產生多巴胺的主要區域。

❷分泌多巴胺：產生快樂的感覺。

伏隔核：又稱依核，將快樂訊息釋放到大腦各個部位。

❹驅動行為：為了讓媽媽再買披
薩而賣力做家事。
❸產生相應的動機：
還想再次感受吃披薩
的快樂。
多巴胺能讓
我們感到快樂，
是最重要的祕
密武器！

快樂的起源

大腦的獎勵中樞最初是通過快樂的良好感受，來鼓勵人類祖先做各種有利於生存和繁衍的事情。

獲取食物

獎勵中樞最大的刺激來源就是食物，因為充足的食物是生存的關鍵。

運動
在原始社會，只有不停奔跑、格鬥才有更多生存機會，所以，運動時獎勵中樞也會被啟動。
讓我給你增加動力！
直到現在，吃到好吃食物和做運動依然可以讓我們感到快樂。

很快消失的快樂

獎勵中樞是個不會滿足的貪心鬼，如果不能一直獲得新的刺激，它就會罷工，也就是停止生產快樂。

快速平靜

當人們看到想要的某樣東西，並且認為自己可以獲得時，獎勵中樞就會被啟動。一旦獲得了這個獎賞，它又會平靜下來。

剛吃到紅燒肉時，感覺很開心。

吃完之後，很快就沒那麼開心了。

第二天再吃到，雖然還是很開心，但是沒有第一次吃到時那麼開心了。

快速適應新刺激

獎勵中樞只有在遇到新的快樂刺激時，才會做出比較強烈的反應。相同的快樂刺激如果重複出現，獎勵中樞就會越來越平靜。

連續再吃幾天，就不會因為吃到紅燒肉而開心了。

如果很久沒有吃，它會再次變成「新鮮的刺激」，整個過程可能又會重複一遍。

好多好多的快樂

雖然快樂的過程很短暫，但好在讓我們感到快樂的事情有很多！

身體從不舒適的狀態進入舒適的狀態。

自然滿足的快樂

先天形成的、直接由大腦神經活動帶給人們感官上的愉悅和滿足。會很快消失，但也比較容易獲得。

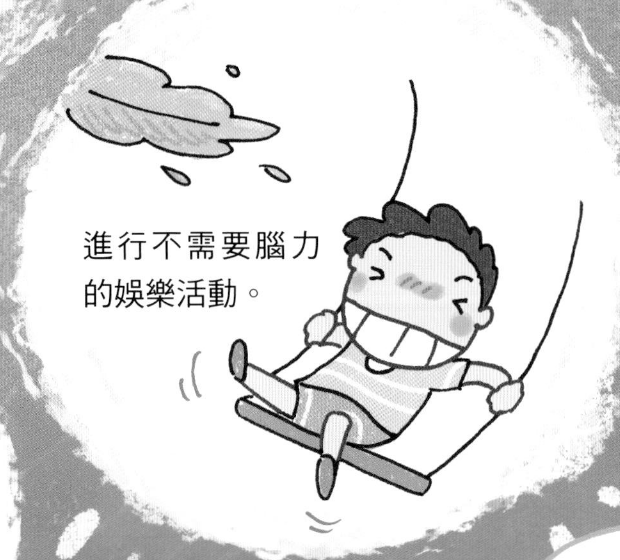

進行不需要腦力的娛樂活動。

身體感官，如舌頭、耳朵等，得到正向的刺激。

鼻子癢癢的時候能痛痛快快的打個大噴嚏，就感覺心情好極了！

社會化的快樂

這種快樂在感受和體驗上附加了成就感、幸福感等需要學習和付出努力才能獲得的感覺，但快樂的程度更深、持續時間更長。

學會新的知識或技能。

靠自己的努力完成了一件事情。

得到認可。

這時候不僅會很快樂，而且會覺得自己是全世界最棒的人！

願望實現。

擁有良好的人際關係。

大家一起快樂
分享和幫助他人，讓其他人快樂，自己會更加快樂！
下雨天送沒有帶傘的同學回家。
告訴同學圖書館怎麼去。
和朋友分享好看的書。
跟別人分享自己的零食。
為什麼這樣做我們會感覺更快樂呢？

鏡像神經元的作用
當我們看到別人做出一個動作時，大腦中的鏡像神經元會被啟動，就像我們親自完成了這個動作一樣。所以讓別人快樂，自己也會感到快樂。
這樣我們就能擁有雙倍的快樂！
社會回饋的作用
分享和幫助往往會收到正向的社會回饋，當下獲得的認可和因此而建立的良好社會關係，都會讓我們更快樂。
幫助別人會讓我們收穫友誼！

好喜歡，好快樂

我們常說，因為喜歡吃糖，所以吃糖時會快樂；因為喜歡玩翹翹板，所以玩翹翹板時會快樂；因為喜歡最好的朋友，所以和他在一起會感到快樂……其實，喜歡和快樂是連在一起的。

因為快樂而喜歡

事物帶給我們愉悅和快樂的感覺，不管是自然滿足的快樂還是社會化的快樂，我們都會因為這份良好的體驗而喜歡上這些事物。

坐碰碰車好玩，喜歡。

因為喜歡而快樂

當我們喜歡上一個人或一件事的時候，不需要再收到額外的回饋，大腦就會自動啟動獎勵系統，讓我們感到快樂。

喜歡彈鋼琴，不需要別人的誇讚，只是自己彈奏就會覺得很快樂。

喜歡爸爸媽媽，只要和他們待在一起就很快樂。

期待的快樂

期待源於喜歡，當我們通過經驗預知某樣事物會帶給我們快樂時，就會在得到這樣東西和做這件事之前就感到快樂。比如期待買到新玩具，在去商店的路上就會感覺很開心。

有時候，期待的過程比事物本身更讓人開心。

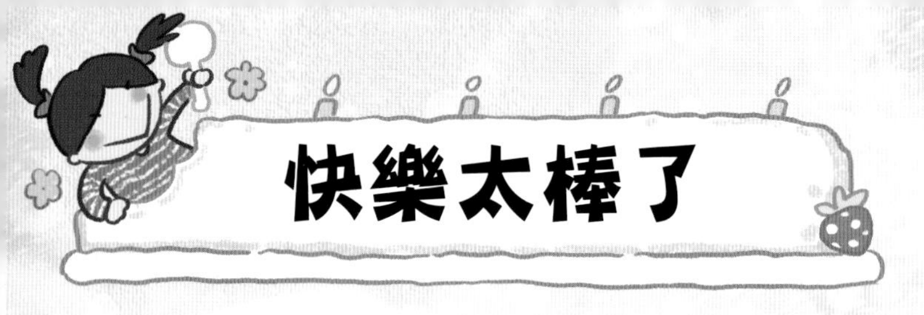

快樂太棒了

快樂的時候，我們會覺得整個世界都很美好，因為快樂不僅對我們的身體有好處，更是治癒各種壞情緒的良藥。

減輕痛苦

快樂時產生的多巴胺和腦內啡能減輕疼痛，並且對慢性疾病起到一定的舒緩作用。

增強免疫力

多巴胺可以強化免疫系統，讓我們不那麼容易生病。

延長壽命

有研究顯示，心態樂觀、從容溫和的人，平均壽命比脾氣急躁、悲觀的人長。

增強勇氣

快樂是一種動力，可以提升自信和勇氣，增加做事的動力。面對困難時，快樂的人更容易堅持下去。

緩解緊張

快樂可以緩解壓力和緊張，對一切負面情緒都有很好的調節效果。

快樂的祕笈

這裡有一些可以讓生活中擁有更多快樂時光的神奇祕笈！

第一招：保持身體健康

情緒源自於大腦活動，而身體的狀態會影響大腦的活動狀態。因此，身體健康也會讓我們更加快樂的成長。

作息規律，早睡早起。

一日三餐按時吃。

均衡飲食腸胃好。

每天都要舒展身體。
每週一次戶外運動。
游泳、打球都可以。
身體棒棒！
心情也棒棒！
1
2
3
1

第二招：增加自我滿足感

精神上的體驗比身體上的感覺更加持久。從小事開始，提升精神上的滿足感，可以培養自己樂觀的性格，讓我們更容易感受到快樂。

寫下一件開心事

就算是「新鞋子很合腳」這種小事也可以。

整理一下小空間

把房間或座位收拾得整潔一些，讓心情更加舒暢。

前往一個新地方

每隔一段時間就去新的地方遊玩，哪怕只是去郊外走走。

獲取一些新知識

讀一本新書，打開視野，
認識不一樣的世界。

學習一項新技能

跳舞、畫畫、學樂器……
喜歡的都可以去嘗試。

完成一個小目標

給自己定下一個比較容易
完成的小目標，每次完成
之後都誇一誇自己。

在生活中透過小習
慣，一點一滴的改變，
我們會自然而然的變
得樂觀。

第三招：建立良好社交

人類作為群居動物，社交關係對情緒影響非常大。建立良好的社會關係可以帶給我們正面的情緒回饋。

幫助
在能力所及的範圍內，多多幫助他人。
這個超級好吃！
分享
分享喜歡的東西和不錯的經歷。
和身邊的人都相處得很好，也能讓心情更開心！

快樂小趣聞

關於「快樂」，歷史上有很多小趣聞。

光腳歡迎

三國爭天下時，曹操聽說厲害的謀士許攸來投奔自己，高興得光著腳就跑出來迎接他了。

喜形於鞋

晉代政治家謝安的侄子打了勝仗，謝安知道後表面很平靜，實際上高興得在過門檻時把木屐底部的齒弄斷了都沒有察覺。

春風得意

唐代大詩人孟郊直到46歲才考中進士，開心的寫下了「春風得意馬蹄疾，一日看盡長安花」這句流傳千古的名句。

還有美食

宋代文豪蘇軾做官不順利，一直被貶官，但他依然能找到讓自己快樂的事。蘇軾最大的樂趣就是吃，他每到一個地方就會去尋覓好吃的。

木匠皇帝

明熹宗特別喜歡做木工，每當做出一件新東西時，他都會很開心。可他是皇帝，只專注於做木工而不管理國家，他雖然開心，百姓卻不太開心。

誰是草包

傳聞清代貪官和珅建了新園子，讓紀曉嵐幫忙題字，紀曉嵐寫下「竹苞」二字。和珅很高興，但是乾隆皇帝看到後卻哈哈大笑，因為「竹苞」二字暗喻「箇箇草包」，也就是暗指和珅是個草包。

幽默的科學家

1991 年，科學幽默雜誌《不可思議年報》（*Annals of Improbable Research*）創辦了搞笑諾貝爾獎，每年都會頒獎給些「令人發笑又引人深思」的研究成果

獲得 1993 年生物學獎的研究者發現，帶豬去兜風，讓牠們心情愉快，可以減少牠們的致病菌，也就是沙門氏菌的攜帶量。

2000 年的電腦獎授予了美國亞利桑納州的一名程式設計師，因為他發明了一種能探測和防止貓踏過鍵盤而影響電腦運作的軟體。

2001 年生物學獎的獲獎者發明了可以消除屁味的內褲。

同樣是 2001 年，獲得公共衛生獎的研究者發現，摳鼻子是青少年中最常見的動作。

2014 年獲得物理學獎的研究者，計算出了人踩到香蕉皮時，鞋底、地面和香蕉皮之間的摩擦力。
2008 年獲得生物學獎的三位研究員發現，狗身上的跳蚤比貓身上的跳蚤跳得更高。
2017 年的物理學獎也跟貓有關，研究者通過理論證明了貓既是固體，又是液體。
這些獎項雖然看起來很搞笑，但研究者的研究態度是很認真的，有些獲獎者甚至拿到了真正的諾貝爾獎（當然是通過別的研究項目獲得的）。

開心動物園

開心的狗狗

狗能夠聽懂主人說話時的語調，當主人用誇獎的語調說話時，狗會感到十分開心。

奔跑的倉鼠

倉鼠跑滾輪時真的會很開心。如果在野外放置一個滾輪，幾乎所有路過的倉鼠都會忍不住上去跑幾圈。

跳舞的山羊

山羊高興的時候會像小朋友一樣蹦蹦跳跳的跳舞。

愛笑的袋鼠

生活在澳洲的短尾矮袋鼠性情很溫和，臉上總是帶著可愛的笑容。牠們不怕人類，經常和人類合影，被譽為「最快樂的動物」。

海豚找樂子

海豚會故意把河豚頂起來，讓河豚釋放毒素，這種毒素會讓海豚覺得很開心。

感情豐富的黑猩猩

黑猩猩是基因和人類最相近的物種，也像人一樣擁有喜怒哀樂。牠們高興時會和人一樣笑，甚至會在被搔癢的時候忍不住笑出聲。

小遊戲

來幫小朋友們都畫上笑臉，再為這幅畫塗上你認為最快樂的顏色吧！

【神奇的情緒工廠】（全6冊）

為什麼情緒一上來，身體跟心裡都變得好奇怪？
情緒的十萬個為什麼，讓大腦來告訴你！

★科學角度完整介紹6大基本情緒，兒童成長必備的心理百科
★20個實用情緒管理小技巧×98則中外趣味小故事
★〔套書特別加贈〕：《情緒百寶箱》遊戲小冊，
涵蓋四大主題的的14個紙上活動，幫助孩子練習辨認與調節情緒

原來生氣是這樣：
生氣到要爆炸怎麼辦？

有好多事情，一想到就氣得不得了！
每個人都有生氣的時候，
甚至可能會抓狂暴怒。
其實，生氣是人類保護自己的本能反應，
不過，如果經常大發脾氣，
對身體、認知和人際關係都會造成傷害，
一起來看看該如何消滅
身體裡的壞脾氣怪獸吧。

原來害怕是這樣：
害怕到發抖該怎麼辦？

有好多東西，一想到就害怕得不得了
害怕是每個人都會有的情緒
每個人害怕的東西都不同，
有時候害怕可以幫助我們遠離危險，
但是如果只會逃避，問題會一直存在，
甚至留下心理陰影！
有一些很棒的方法可以戰勝害怕，
一起來看看吧！

原來快樂是這樣：
不能夠一直開心嗎？

開心的事情真的好多好多，多到數都數不完！
當我們感到快樂的時候，身體會充滿能量，
大腦也會給予「獎勵」，帶給我們快樂的感受。
除此之外，
快樂也是治癒壞情緒的良藥，
一起來學習如何常常保持愉快的心情，
對身體健康及人際關係都很有幫助喔。

原來悲傷是這樣：
想讓難過消失該怎麼辦？

悲傷的時候 ，世界彷彿都變成了灰色……
悲傷是唯一一種會造成身體能量流失的情緒，
雖然我們無法阻止令人悲傷的事情發生，
但有一些方法可以緩解難過的情緒，
讓我們的心情變得好起來。
難過的時候，
試試看這些「悲傷消失術」吧。

原來討厭是這樣：
遇上討厭的事物只能躲開嗎？

世界上為什麼有那麼多討厭的東西呢
一旦我們碰到自己討厭的東西
不只情緒會產生強烈的抗拒反應
就連身體也會覺得很不舒服。
該怎麼克服討厭的感覺，
是一門需要努力學習的大學問呢！

原來驚奇是這樣：
遇上沒想到的事情只能嚇一跳嗎？

原來世界上有那麼多讓人驚奇不已的事情！
從遠古時代開始，
「驚奇」就存在人類的身體裡，
專門用來應對各種意想不到的突發情況。
當意料之外的事情發生時，
驚奇就會立刻現身！
學習時刻保持對世界的新鮮感，
生活就會處處是驚奇唷！